M. Esakkimuthu
C. Bhaskran

Análise do sistema de apoio técnico na cultura da banana

M. Esakkimuthu
C. Bhaskran

Análise do sistema de apoio técnico na cultura da banana

ScienciaScripts

Imprint
Any brand names and product names mentioned in this book are subject to trademark, brand or patent protection and are trademarks or registered trademarks of their respective holders. The use of brand names, product names, common names, trade names, product descriptions etc. even without a particular marking in this work is in no way to be construed to mean that such names may be regarded as unrestricted in respect of trademark and brand protection legislation and could thus be used by anyone.

Cover image: www.ingimage.com

This book is a translation from the original published under ISBN 978-620-2-30405-4.

Publisher:
Sciencia Scripts
is a trademark of
Dodo Books Indian Ocean Ltd. and OmniScriptum S.R.L publishing group

120 High Road, East Finchley, London, N2 9ED, United Kingdom
Str. Armeneasca 28/1, office 1, Chisinau MD-2012, Republic of Moldova, Europe
Managing Directors: Ieva Konstantinova, Victoria Ursu
info@omniscriptum.com

Printed at: see last page
ISBN: 978-620-8-59107-6

CONTEÚDO

Capítulo 1

Introdução

A redução da pobreza e da fome é o principal pilar do desenvolvimento (Ganessamurthy, 2007). O papel das mulheres torna-se o fator de orientação mais importante a este respeito. A fim de instrumentalizar as mulheres para alcançar um desenvolvimento socioeconómico-ecológico-sustentável abrangente, é necessário concentrar-se no desenvolvimento das suas competências e na sua capacitação. No cenário atual, a agricultura é altamente competitiva e depende da capacidade de comercialização dos produtos agrícolas produzidos (Nair, 2005). O êxito da comercialização dos produtos num contexto competitivo depende do excedente comercializável e da qualidade do produto. Outra atividade importante consiste em facilitar o aumento do valor dos produtos. Pela primeira vez na Índia, o "Projeto Samagra", concebido pelo Panchayat do distrito de Thiruvananthapuram em associação com vários Block Panchayats e Grama Panchayats e implementado através de grupos de atividade de Kudumbashree, com o apoio de um parceiro privado (Prowins Agri System), resultou num aumento notável da produção e da produtividade da banana e no desenvolvimento socioeconómico total das zonas rurais.

Capítulo 2

O projeto "Samagra

As inovações desempenham um papel importante na produção alimentar, bem como na otimização da utilização dos recursos pelos agricultores (Venkatasubramanian, 2010). Em geral, "Samagra" significa o desenvolvimento global de um produto agrícola, de um produto industrial ou de um trabalho tradicional. Trata-se de um programa abrangente que engloba todas as componentes, desde a produção à comercialização, ajudando as pessoas envolvidas a obter o máximo rendimento possível e melhorando, assim, o nível de vida geral da população da zona em causa.

"Samagra" é uma nova iniciativa desenvolvida de forma independente por Kudumbashree e pelos governos autónomos locais de três níveis (LSGs) e outras agências. Trata-se de uma tentativa de abordar toda a cadeia de produção - fornecimento de forma holística, aumentando a produtividade tanto quantitativa como qualitativamente e procurando oportunidades de comercialização viáveis (Missão Kudumbashree.2009).

Capítulo 3

Projectos "Samagra" implementados em vários distritos de Kerala

1. Nendran Banana (Thiruvananthapuram)

2. Nivedyam (Thrissur) Pooja Kadali Banana

3. Harithashree (Thiruvananthapuram) Produtos hortícolas

4. Haritham (Ernakulam) Produtos hortícolas

5. Ksheerashree (Thiruvananthapuram) Leite

6. Ksheerasagaram (Idukki) Leite

7. Nedumpana Mini Apparel Park (Kollam) Vestuário pronto a vestir

8. Madhuram (Pathanamthitta) Mel

9. Projeto de peixes ornamentais (Kottayam)

10. Thirumadhuram (Ernakulam) Ananás

11. Batatas fritas estaladiças de Kondattom (Palakkad)

12. Fabrico de gáspeas para calçado (Kozhikode)

13. Aldeia das cabras (Kannur)

14. Saphalam (Kasargod) Caju

Capítulo 4

'Samagra' - Projeto Nendran Banana

O projeto "Samagra" - banana Nendran é um projeto comunitário gerador de rendimentos/subsistência que envolve a agricultura, a aplicação de tecnologia, a comercialização e o valor acrescentado. O projeto da banana Nendran é implementado no distrito de Thiruvananthapuram com o objetivo de cultivar 2 400 hectares de terra com banana Nendran, criando oportunidades de emprego para 30 000 mulheres beneficiárias (Veena, 2011).

Capítulo 5

Parcerias com múltiplos intervenientes

Graças a uma parceria única entre instituições públicas, organizações não governamentais (ONG), agricultores, sector privado e abordagens inovadoras, foi criada uma dinâmica para aumentar a rentabilidade, a geração de rendimentos e o emprego na agricultura (Ayyappan, 2010). O projeto envolve uma série de instituições a vários níveis - nacional, estatal, distrital e local - incluindo o Centro de Empresas Rurais, a Missão de Horticultura de Kerala, a Kudumbashree, a Universidade Agrícola de Kerala, agências técnicas e de comercialização, bancos e grupos de autoajuda (SHG).

O Governo, em associação com a Confederação das Indústrias Indianas (CII), tomou uma iniciativa para promover os Centros Empresariais Rurais (RBH), os primeiros do seu género, com base no modelo de parceria público-privada (PPP) para facilitar a ligação direta entre a indústria e a comunidade rural (Ministério de Panchayati Raj, 2008). O projeto "samagra" - formulado no modelo do programa Rural Business Hub (RBH) - visa a criação de uma rede de produção e transformação de bananas orientada para o mercado, através da utilização eficaz de unidades Kudumbashree organizadas (Shilaja e Sobhana, 2009).

Capítulo 6

Inovação no sector agrícola

A inovação indiana no sector agrícola é impressionante (Anon., 2010). No passado, foram utilizadas várias estratégias e mecanismos de extensão para a divulgação intensiva de conhecimentos e informações à comunidade em geral. Entre elas, destacam-se a abordagem baseada em ministérios (CDP e T&V), o sistema universitário, a abordagem baseada em produtos de base, as abordagens participativas, o sistema baseado na clientela (grupos e associações de agricultores), etc., que tiveram um êxito apreciável, mas também algumas limitações óbvias. No entanto, continua a haver uma procura contínua de mecanismos mais recentes e eficazes para a divulgação de conhecimentos, devido a vários tipos de lacunas existentes, como as tecnológicas, de informação, de rendimento, de acessibilidade aos alimentos e às oportunidades de subsistência, etc., que constituem sérios impedimentos ao avanço da nação em direção ao crescimento inclusivo e ao desenvolvimento sustentável (Joseph, 2010). Sentindo a necessidade emergente de troca de competências entre os profissionais da extensão, foram implementadas no país, desde a última década, abordagens inovadoras e melhores práticas de extensão, bem como um sistema de extensão pluralista com acordos vantajosos para todos com outros parceiros, como agências privadas, empresas de insumos, organizações civis, etc.

Capítulo 7

Programas de desenvolvimento rural na Índia

Além disso, o Governo indiano introduziu vários programas de desenvolvimento rural para melhorar o nível de vida da população rural, proporcionando várias oportunidades, seguros para as culturas agrícolas, assistência financeira aos agricultores através de empréstimos a curto ou médio prazo, ferramentas modernas para os artesãos rurais e construção de casas para os sectores mais fracos da comunidade, etc. Alguns dos programas nacionais mais importantes são: o programa "Food for Work" (FWP), em 1977; o programa de desenvolvimento rural integrado (IRDP), em 1978; o programa nacional de emprego rural (NREP), em 1980; o programa de garantia de emprego para os trabalhadores rurais sem terra (RLEGP), em 1983; o Jawahar Rozgar Yojana (JRY), em 1989;

Regime de Garantia de Emprego (EAS) em 1993; Swarna Jayanti Gram Swarozgar Yojana (SGSY) em 1999; Pradhan Mantri Gram Sadak Yojana (PMGSY) em 2000; Sampoorna Gramin Rogar Yojana (SGRY) em 2001; Programa Nacional de Alimentação para o Trabalho (NFFWP) em 2004 e Programa Bharat Nirman (BNP) em 2005.

Capítulo 8

Objectivos de "Samagra

O "Projeto Samagra" visa a maximização dos lucros dos agricultores de Kudumbasree, transformando a agricultura em empresas comerciais que incorporam os serviços das parcerias público-privadas- Panchayat-pessoas (5 Ps) e através de uma estratégia de comercialização eficaz (Nehru, 2007). A banana é uma das principais culturas frutícolas em Kerala, especialmente no distrito de Thiruvananthapuram, que ocupa o primeiro lugar na produção de banana Nendran, representando um terço da produção total. A banana, sendo altamente perecível por natureza, tem de ser conservada. A banana e os seus produtos transformados têm um excelente potencial de exportação. A introdução de instalações de carga no aeroporto internacional de Thiruvananthapuram promove oportunidades de exportação de bananas e produtos derivados do distrito.

O principal objetivo do projeto era desenvolver a cultura da banana desde o seu cultivo até à valorização e comercialização com acesso ao mercado mundial. Sendo a banana a principal cultura frutícola do distrito de Thiruvananthapuram, tem potencial adequado para se desenvolver como um programa maciço, utilizando as mais recentes tecnologias disponíveis (Bhaskaran e Esakkimuthu, 2011). A vertente "meios de subsistência" do projeto consiste em integrar 6000 grupos de atividade no cultivo da banana. O fator que diferencia a Samagra da agricultura de arrendamento habitual é o apoio tecnológico através de mestres agricultores e o valor acrescentado (Kumar e Anuja, 2009). Os objectivos fixados no âmbito deste projeto para este efeito são os seguintes

1. **Melhoria da produtividade**

Para sobreviver à concorrência no mercado dos produtos agrícolas (banana), a produtividade deve ser aumentada, pelo menos, para a média mundial. Só assim será possível conquistar a maior parte do mercado e gerar mais rendimentos.

O principal objetivo do projeto inclui o cultivo de banana numa área de 2400 ha. por grupos Kudumbashree adoptando práticas científicas para aumentar a produtividade de 8 toneladas/ha para 15 toneladas/ha.

2. **Melhoria da qualidade**

Para competir no mercado, para além da produtividade, é também necessário melhorar a qualidade dos produtos.

3. **Diversificação dos produtos**

O valor do produto pode ser aumentado 500 vezes através da diversificação dos produtos. A maior parte dos países ricos está a tirar partido desta vantagem e a conquistar a maior parte do mercado. Mas nós não conseguimos utilizar o potencial, apesar de dispormos de um cabaz de vários produtos agrícolas.

4. **Garantir o mercado para os produtos**

A par do aumento da produtividade, da melhoria da qualidade e da diversificação dos produtos, é necessário garantir o mercado para os produtos através de estratégias planeadas. "Samagra" prevê a criação de uma cadeia de comercialização através de uma intervenção pública eficaz, utilizando as lacunas dos mercados existentes e entrando em novos mercados.

5. **Aumento da participação das pessoas**

Nenhum processo social é sustentável sem o envolvimento e a participação das pessoas. A "Samagra" garante a participação das pessoas desde a produção até à comercialização ou mesmo à exportação.

6. **Aumento da participação das mulheres**

As mulheres são as vítimas marginalizadas da pobreza. Samagra prevê mais oportunidades de emprego para este sector, aumentando assim o seu nível de rendimento.

7. **Redução da pobreza**

"Samagra" centra-se no processo de redução da pobreza que envolve as mulheres das famílias abaixo do limiar de pobreza (BPL).

8. **Reforço das capacidades**

Para atingir os objectivos, como o aumento da produtividade, a melhoria da qualidade, a diversificação dos produtos, a garantia de acesso ao mercado, etc., podem ser utilizadas tecnologias mais recentes. As capacidades das mulheres envolvidas devem permitir-lhes utilizar estas tecnologias.

Capítulo 9

Actividades do projeto "Samagra":

As actividades definidas no "Projeto Samagra" são as seguintes

1. Aumento das actividades das empresas, aumento do número de unidades em actividades economicamente viáveis, sujeitas à capacidade de carga, tentando obter economias de escala e uma maior ênfase na facilitação e no apoio manual.

2. Convergência de diferentes actividades - Ao preparar projectos sobre culturas agrícolas, criação de animais, piscicultura, etc., deve haver uma abordagem integrada que envolva diferentes sectores como a formação, o desenvolvimento de culturas, a produção de materiais de plantação, a melhoria da qualidade, a comercialização, etc.

3. Convergência de diferentes projectos/programas - "Samagra" reúne diferentes projectos e programas implementados através de diferentes departamentos e LSGs, unindo-os sob uma agenda e um objetivo comuns.

4. Convergência de diferentes departamentos - No âmbito da atual estrutura, diferentes departamentos estão a realizar actividades de redução da pobreza, comercialização, desenvolvimento de culturas, etc. Esta situação conduziu a uma duplicação de esforços e a uma perda de tempo e de dinheiro. A iniciativa "Samagra" prevê a convergência das actividades dos diferentes serviços nestes sectores.

5. Utilização efectiva de outras partes interessadas na produção e comercialização. Há domínios em que os conhecimentos e as competências do governo são limitados (por exemplo, a comercialização). O "Projeto Samagra" organiza acordos mutuamente benéficos para colmatar as lacunas de eficiência - "Samagra" visualiza isto especialmente na produção, comercialização, controlo de qualidade, etc.

6. Assegurar a diversificação dos produtos e a melhoria da qualidade no processo de produção.

7. Utilização de tecnologias modernas na comercialização - As tecnologias modernas disponíveis nas instituições de investigação para a diversificação dos produtos, a melhoria da qualidade e a comercialização devem ser utilizadas para melhorar o nível de intervenção no mercado. A "Samagra" analisa novas estratégias de marketing para a embalagem, a marca, a ligação em rede, etc.

Capítulo 10

Pormenores operacionais do projeto "Samagra" Nendran Banana

1. Cultura da banana

O cultivo de bananas é efectuado em 2400 ha através de grupos de unidades Kudumbashree/Yuvashree, escalonando a produção para satisfazer as necessidades de matéria-prima ao longo do ano. Cada grupo de atividade Kudumbashree tem 20-25 membros e, por conseguinte, 7500-10000 Kudumbashree são unidades que se dedicam ao cultivo. Cada grupo deve cultivar numa área mínima de 0,20 ha. Todos os tipos de apoio tecnológico, desde a análise do solo até à gestão pós-colheita, serão fornecidos aos grupos com a ajuda da agência de fornecimento de tecnologia deste projeto. O principal objetivo é aumentar a produtividade do nível atual de 8 toneladas/ha para 15 toneladas/ha. Cada unidade de Kudumbashree deve ocupar um terreno adequado para o cultivo.

Estão a ser selecionados 20-25 membros activos com interesse em iniciar o cultivo para subsistência em diferentes unidades Kudumbashree/Yuvashree e estes membros são formados como um grupo de atividade para o cultivo de bananas. Cada grupo de atividade está a cultivar numa área mínima de meio acre.

2. Criação de um viveiro-modelo

A produção de banana utilizando práticas de alta tecnologia, como estufas, mulching, fumigação, INM, IPM e irrigação controlada, aumentará a produtividade para 25-30 toneladas/ha. Isto tem de ser demonstrado entre os agricultores. Foi proposto estabelecer quatro dessas unidades de demonstração em estufas de 1000 metros quadrados. Serão criados viveiros-modelo na quinta agrícola distrital de Peringammala, nas instalações do panchayat do bloco de Nedumangad e nas instalações do panchayat do bloco de Perumkadavila. As infra-estruturas, tais como estufas, devem ser fornecidas pelo organismo local em causa. O cultivo deve ser efectuado pelos membros selecionados do Kudumbashree de várias unidades. Estava prevista a criação de quatro viveiros-modelo no âmbito deste projeto.

3. Promoção da proteção integrada

A gestão integrada de pragas e doenças deve ser seguida no cultivo e na produção de bananas em 2400 hectares. A assistência à taxa de Rs.1000 por ha disponível no âmbito do NHM deve ser disponibilizada ao grupo de mulheres para a adoção rigorosa da IPM e INM. O montante restante necessário para a atividade deve ser pago pelo grupo a partir dos seus próprios fundos. O pacote de práticas sobre o cultivo de banana publicado pela UAE sobre INM e IPM deve ser seguido.

4. Parcelas de demonstração

As parcelas de demonstração foram propostas para demonstrar as técnicas de micro-irrigação, IPM, INM, mulching e fumigação que têm um efeito elevado no aumento da produtividade. Foi proposto estabelecer parcelas de demonstração numa área de 4 ha. Grupos de atividade selecionados de entre as unidades Kudumbashree/Yuvashree deveriam estabelecer as parcelas de demonstração.

5. Laboratório de biocontrolo

O grupo de atividade kudumbashree/grupos yuvashree criaram um laboratório de biocontrolo para a produção de predadores e microorganismos destinados a controlar as pragas e as doenças. Os microorganismos resistem ao aparecimento de doenças e pragas. Estes microorganismos e predadores devem ser produzidos em grande escala e fornecidos aos grupos de agricultores a baixo preço. É necessário um total de Rs 38 lakhs para estabelecer o laboratório. A assistência disponível no âmbito do NHM deve ser utilizada para estabelecer o laboratório na unidade Kudumbashree.

6. Laboratório de análises de solos

A manutenção da saúde do solo, adoptando práticas eficazes de gestão do solo, ajuda a manter a textura e a produtividade do solo. O enriquecimento adequado de todos os nutrientes vitais, incluindo os micronutrientes, desempenha um papel fundamental no aumento da produtividade do solo. Antes do início da cultura, é necessário efetuar análises do solo para avaliar o estado dos nutrientes do solo e a quantidade de fertilizantes a adicionar. Para cumprir este objetivo, foi proposta a criação de um laboratório de análises do solo com instalações para analisar micronutrientes também no District Panchayat, no bloco de Athiyanoor.

7. **Laboratório de cultura de tecidos**

A produtividade da banana depende principalmente da qualidade do material de plantação utilizado para o cultivo. A Índia ocupa o segundo lugar [nd] na produtividade e produção de bananas, logo a seguir à China. Em Kerala, a produtividade é de apenas 8 toneladas/ha. Está provado que um bom material de plantação permite, por si só, aumentar a produtividade da banana em cerca de 30%. Outra vantagem adicional da utilização de plantas de cultura de tecidos é o facto de estarem isentas de doenças nascidas no solo e de outras doenças normalmente observadas na banana. Foi proposta a criação de um laboratório de cultura de tecidos para a produção das mudas necessárias para o cultivo em toda a área de cultivo da RBH no distrito de Thiruvananthapuram.

Capítulo 11

Sistemas inovadores de proteção técnica

1. Procedimentos inovadores identificados

- Ligação ao crédito.

- Apoio técnico completo prestado por uma agência privada.

- Público - Privado - Panchayat - Pessoas - Parceria.

- Apoio holístico prestado por uma agência privada.

2. Processos inovadores identificados

- Garantia de fornecimento de factores de produção de qualidade.

- Actividades de reforço das capacidades .

- A Missão Kudumbashree concede um fundo para apoio tecnológico e reforço das capacidades.

- Orientação para o desenvolvimento sócio-económico e ecologicamente sustentável.

3. Instituições inovadoras identificadas

- Um produto - uma aldeia.

- Ligação entre agências privadas e o governo.

- Assegura a participação das pessoas.

- Missão Estatal de Erradicação da Pobreza (SPEM) ligada às instituições locais autónomas (LSG).

Capítulo 12

Apoio técnico prestado por várias agências

1. Missão Kudumbasree

Uma agência governamental para o desenvolvimento total das mulheres, que é a agência de implementação do projeto, utilizou cerca de Rs 56.375 lakhs para a implementação de vários componentes, como Capacitação, Estudo Simultâneo e Apoio Tecnológico. Além disso, cerca de Rs.1 Crore foi dado como incentivo à agricultura em terras arrendadas aos grupos de atividade (District Mission Kudumbashree. 2010).

O Kudumbashree é um programa de erradicação da pobreza participativo e multifacetado, baseado nas mulheres, iniciado conjuntamente pelo Governo de Kerala e pelo NABARD (Devi, 2003). É implementado por Organizações Comunitárias de Base (OCB) de mulheres pobres em cooperação com Instituições Locais Autónomas (State Kudumbashree Mission. 2007).

1. A pobreza é um estado de privação de necessidades mínimas básicas, de instalações e de serviços mínimos de base.
2. 34% da população está abaixo do limiar de pobreza.
3. A maior parte dos programas de luta contra a pobreza fracassou devido ao facto de terem sido considerados critérios de rendimento para identificar os pobres, o que não contou com a participação das pessoas
4. Missão de erradicação da pobreza, a agência sob o governo autónomo local do Governo de Kerala para administrar, gerir, controlar e rever a execução do projeto denominado Kudumbashree.
5. O Kudumbashree é um programa multifacetado organizado pelo Governo de Kerala e pelo NABARD, em cooperação com as instituições Panchayatiraj, através de sociedades de

desenvolvimento comunitário de mulheres pobres, com base na estratégia do Grupo de Auto-Ajuda, apoiado por um crédito ligado à poupança (Nair, 2005).

Estrutura de três níveis dos programas Kudumbashree

1. As famílias com pelo menos quatro dos nove factores de indicação de pobreza formam famílias de risco organizadas em grupos de bairro (20-40 famílias)
2. Sociedades de desenvolvimento regional (a nível de bairro)
3. Sociedade de Desenvolvimento Comunitário (nível Panchayat)

Abordagem Kudumbashree

Promoção de agrupamentos agro-empresariais para permitir a maximização dos lucros dos agricultores através de:

1. Capacitação dos formadores dos GAA.
2. Funcionamento em regime de partilha de benefícios.
3. Atualização de competências pela UAE.
4. Apoio tecnológico da UAE e de outras instituições de I&D.
5. Supervisão global e eficaz a nível da panchayat.
6. Conceito de "um distrito, um produto". Logística de ligação para a frente e para trás. Garantia de qualidade de semente a semente. Apoio ao crédito.
7. Rural Business Hub (RHB).
8. Organizar os potenciais empresários agrícolas em grupos de empresas.
9. Criação de parcerias com os serviços competentes, agências congéneres, ONG, sociedades civis e empresas privadas.

10. Desenvolvimento do Plano Estratégico de Extensão da Investigação com base nos recursos e necessidades.

11. Abordagem integrada da herdade.

12. Acréscimo de valor, acordos de mercado, fornecimento de factores de produção.

13. Serviços de incubação, de apoio e de acompanhamento por parte do Estado.

Benefícios tangíveis e intangíveis do projeto "Samagra" Banana

1. Efeito sinérgico da dinâmica de grupo a nível funcional (aldeia).
2. Dinamizou os SHG e assegurou a participação de mais de 2000 SHG.
3. Desembolsou mais de 10 milhões de rupias como subsídio aos agricultores.
4. Projeto no valor de 500 milhões de rupias com contribuições do District Panchayat, Kudumbasree, State Horticulture Mission (SHM), Rutral Business Hub (RBH), bancos comerciais e parceiros privados.
5. Redução efectiva dos canais de comercialização.
6. Aumento da produção e do rendimento líquido.
7. Excelente recuperação de créditos (mais de 92%).

2. Panchayat do distrito de Thiruvananthapuram

O Panchayat do distrito de Thiruvananthapuram foi a agência nodal para a execução do projeto. Sendo a instituição panchayat Raj de nível mais elevado no distrito, devia coordenar outros LSGI participantes na área de implementação para maior eficiência. O District Panchayath forneceu as infra-estruturas e outros apoios para a criação de uma unidade de demonstração - 1 n.º, de um laboratório de biocontrolo, de um laboratório de análise dos solos e de laboratórios de cultura de tecidos. As instalações para os laboratórios foram fornecidas pelo Block Panchayat. O apoio fornecido pelo District Panchayat foi significativo, o que ajudou o projeto a tornar-se um enorme sucesso. Os fundos destinados à implementação dos componentes como Pack House e Cold Storage só podem ser completamente utilizados se o Componente do Parque de Processamento se tornar uma realidade. Por conseguinte, até à data, estas componentes ainda não foram criadas.

3. Prowins Agri System

A Prowins Agri System (PAS), uma das principais organizações de prestação de serviços de consultoria agrícola na Índia, está localizada em Thiruvananthapuram, Kerala, com os esforços que giram em torno do domínio da agricultura, agro-processamento, empreendimentos agro-empresariais e actividades afins. Associa-se às agências governamentais, às principais instituições de crédito e às instituições Panchayat raj para conceber, formular e implementar projectos inovadores como "Samagra" no sector agrícola e de desenvolvimento.

A Agência de Promoção da Inovação e do Desenvolvimento, Prowins Agri System, juntamente com este programa, também implementou um modelo abrangente de desenvolvimento das mulheres, que engloba quase todos os sectores da economia rural, através de um programa de desenvolvimento empresarial e de formações de desenvolvimento de competências para as mulheres. Estes programas de desenvolvimento do espírito empresarial e das competências produziram uma grande variedade de efeitos multiplicadores que se traduziram numa geração de rendimentos mais demonstrativa e na redução da pobreza.

Pela primeira vez na Índia, o programa Samagra e a formação de competências abrangentes em matéria de desenvolvimento sustentável, concebidos pela Prowins Agri System em associação com o District Panchayat Thiruvananthapuram e implementados através das mulheres, resultaram num aumento notável da produtividade agrícola (produção de bananas) e na total capacitação e desenvolvimento socioeconómico das zonas rurais. O quadro seguinte mostra a área beneficiada, o número de beneficiários, a produção, a produtividade e o lucro líquido obtidos no âmbito do programa Samagra em vários blocos onde foi aplicado.

Quadro 1: Detalhes do projeto Samagra - Número de beneficiários, área, produção, produtividade em vários blocos

Sl No	Name of Block	No of Panchayat	Area (Ha)	No. of Beneficiaries	Loan (in Lakhs)	Production / M.T	Average Cost of Cultivation	Price/ M.T (in Lakhs)	Returns generated	Net Profit in Lakhs
1	Athiyanoor	2	223	880	170	4460	301.05	0.2	892	590.95
2	Perumkadavila	7	996.5	7324	1163.27	19930	1345.275	0.2	3986	2640.725
3	Parassala	3	680	1565	664.35	13600	918	0.2	2720	1802
4	Nemom	4	518.37	1000	274.7	10367.4	699.7995	0.2	2073.48	1373.681
5	Vamanapuram	7	201.2	1220	86.6	4024	271.62	0.2	804.8	533.18
6	Vellanadu	5	281.71	1182	138.75	5634.2	380.3085	0.2	1126.84	746.5315
7	Nedumangadu	4	113	1020	25.6	2260	152.55	0.2	452	299.45
8	Kazhakoottam	2	15.5	355	9.75	310	20.925	0.2	62	41.075
	TOTAL		3029.2	14546	2533.02	60585.6	4089.528		12117.12	8027.592

É muito animador constatar que, quando muitos cientistas e profissionais da agricultura argumentam que as iniciativas de agricultura biológica não serão capazes de aumentar a produtividade, o cultivo de banana Samagra através de mulheres provou que as práticas de agricultura biológica podem definitivamente aumentar a produtividade, a produção e o aumento do rendimento per capita das mulheres agricultoras, conduzindo, em última análise, a uma redução considerável da pobreza e da fome (ver Quadro 2)

Quadro 2: Comparação do custo dos factores de produção e da produção (rendimento) do projeto Samagra com o sistema agrícola convencional

SI. No	Particulars	Conventional chemical oriented cultivation	Cultivation under Samagra project where integrated fertilizer application avoiding pesticides & fungicides is followed
1	Cost of cultivation per Ha(in lakhs)	2.10	2.55
2	Production per Ha(in MT)	20.00	27.00
3	Price per MT	20000.00	20000.00
4	Total income per Ha (in lakhs)	4.00	5.40
5	Net profit (in lakhs)	1.90	2.85

É muito interessante e encorajador que o programa de desenvolvimento agrícola sustentável levado a cabo pelas mulheres através do projeto Samagra mostre que o lucro líquido final é 35% superior ao do sistema agrícola convencional, no qual são aplicados insumos químicos. Um resultado encorajador que surge da comparação entre o cultivo convencional com insumos químicos e o cultivo biológico no âmbito de Samagra é o facto de o custo total dos insumos ser mais elevado no caso do projeto Samagra, devido ao elevado custo dos insumos, e menos no caso do cultivo convencional. Apesar de a análise do custo dos factores de produção ter sido assim, é animador que a análise do rendimento mostre que, no âmbito das práticas agrícolas biológicas (projeto de bananas Samagra em que participam mulheres), se registam 35% mais rendimentos e lucros do que na agricultura convencional. Trata-se de um fenómeno paradoxal.

No caso da Samagra, o custo dos factores de produção é elevado devido à utilização de biofertilizantes, promotores orgânicos do crescimento das plantas, tais como ácido húmico, nutrich, ácido salvífico, extrato de ervas marinhas e pesticidas bio , tais como metarhyzium, Beaveria, Pseudomonas, etc. Estes factores de produção são comparativamente mais dispendiosos do que os factores de produção químicos convencionais.

Quando o cenário dos custos de entrada foi assim, a produção (rendimento) aumentou devido à aplicação nutricional óptima à planta. É uma experiência encorajadora que, quando evitámos a aplicação de carbofurano tóxico e substituímos o mesmo por Bolo de Neem e Esmaga Neem, a saúde total da planta aumentou, especialmente o pseudo caule tornou-se muito robusto e, como resultado, a planta foi capaz de suportar até mesmo uma velocidade de vento moderadamente alta. Ao mesmo tempo, verificou-se que os agricultores vizinhos que seguiram o padrão convencional de práticas agrícolas (incluindo a aplicação de carbofurano), não só experimentaram um baixo peso dos cachos, mas também a força do pseudo caule foi comparativamente menor e, como resultado, mesmo o vento com baixa velocidade causou o desalojamento da planta, resultando em enorme perda de colheita.

O projeto Samagra torna-se um fenómeno vantajoso para todos, devido aos seguintes factores

1. Determinação administrativa empenhada demonstrada pela liderança política e pelos funcionários a nível distrital do District Panchayat, Thiruvananthapuram, na execução do projeto sem quaisquer obstáculos.
2. Implementação eficaz no terreno pela Agência de Inovação para o Desenvolvimento Sustentável (Prowins Agri System), fornecendo apoio tecnológico adequado, fornecendo bio-insumos de qualidade, serviços de ligação ao crédito às mulheres agricultoras e coordenação no terreno pelos seus peritos dinâmicos.
3. Apoio ao crédito concedido atempadamente pelos principais bancos, como o Sate Bank of Travancore e o State Bank of India.
4. Apoio técnico abrangente fornecido pelo Prowins Agri System, como testes de solo, recomendação de insumos específicos da parcela com a orientação do Kerala Agricultural

Universidade.

5. Formação abrangente sobre práticas sustentáveis de cultivo orgânico de bananas ministrada por Prowins a todas as mulheres participantes no projeto.

O projeto Samagra revelou que, quando se desenvolve um programa de desenvolvimento sistematicamente integrado que envolve a agência governamental, o beneficiário, a agência de concessão de crédito e a agência de formação de competências, como a Prowins Agri System, é possível obter resultados historicamente bem sucedidos.

Este modelo de desenvolvimento inovador que foi experimentado em Kerala através do empoderamento das mulheres numa técnica de formação de competências multi-setorial e multi-dimensional é único. O Prowins Agri System desenvolveu um modelo de desenvolvimento empresarial e de desenvolvimento de competências para as mulheres, de modo a que estas recebessem formação multissectorial e multidimensional em matéria de formação de competências. Por exemplo, uma mulher que tenha recebido formação em desenvolvimento empresarial para a transformação de alimentos (chips de banana, pickles, cereais em pó, lacticínios, etc.) também recebeu formação em criação de cabras e agricultura biológica (banana, legumes, etc.). As mulheres que receberam esta formação multissectorial de formação de competências foram capazes de identificar qual a iniciativa empresarial mais sustentável que podem adotar, comparando a experiência que receberam do programa de formação fornecido pelo Prowins Agri System em diferentes sectores. Algumas das mulheres bem sucedidas revelaram mais tarde que experimentaram duas ou três iniciativas empresariais e que depois se aperceberam de que a sua atitude e conhecimentos eram mais adequados para uma determinada iniciativa, o que acabou por as tornar empresárias de sucesso.

O programa de capacitação das mulheres, concebido no âmbito do desenvolvimento sustentável, provou que as mulheres podem tornar-se um instrumento para alcançar um desenvolvimento sustentável abrangente, resultando num aumento notável do rendimento familiar e na redução da pobreza (Devi, 2008). Numa perspetiva macro de Kerala, um Estado que sofre há muito tempo de escassez de alimentos e legumes, o projeto de desenvolvimento sustentável Samagra, através das mulheres, deu um humilde contributo para aumentar a oferta de frutas, especialmente de banana. Juntamente com este programa, é muito encorajador o facto de o sistema Prowins Agri ter proporcionado um programa de formação em empreendedorismo e formação de competências a um número total de 22715 mulheres, das quais 19610 criaram as suas próprias empresas em . Um inquérito preliminar revelou que, em mais de 60% dos casos, as empresas criadas por mulheres deram emprego a 2-5 pessoas (um efeito multiplicador exato terá de ser avaliado através de um estudo pormenorizado no futuro). Pode igualmente observar-se no quadro 2 que a formação em matéria de competências foi ministrada a mulheres que abrangiam quase todos os sectores da economia rural, utilizando materiais/recursos disponíveis localmente.

Quadro 3: Perfil da formação integrada prestada pela Prowins Agri System a mulheres empresárias em vários empreendimentos

Sl. No	Microenterprises Unit	No. of Beneficiaries	No. of units established by women after getting the training	No. of women involved in the units after getting the trainings
1.	Food Processing	1849	71	718
2.	Fruits & Vegetable Processing	2196	61	605
3.	Crop Cultivation	14320	5420	14308
4.	Animal Husbandry	3966	463	3755
5.	Industrial Units	384	14	224
	Total	22715	6029	19610

É animador o facto de as mulheres que produziam a matéria-prima de base (por exemplo, cultivar banana para preparar banana frita) estarem também a utilizar a mesma matéria-prima para preparar banana frita.

Foi ministrada formação total às mulheres, abrangendo a transformação de alimentos, frutas e legumes, agricultura, criação de animais e unidades industriais como o fabrico de sabão, produção de pensos higiénicos, etc. Um resultado interessante da formação prestada a 22715 mulheres é que a maioria delas adoptou o cultivo da banana. Uma informação muito interessante que pudemos recolher das mulheres que criaram chips de banana foi que, quando usaram banana orgânica, o peso dos chips fritos finais foi comparativamente maior do que os chips produzidos a partir de banana adquirida no mercado que foi criada sob práticas de cultivo químico. As mulheres empresárias concluíram que a banana produzida quimicamente tem um maior teor de água do que a banana produzida segundo métodos biológicos e que a quebra das batatas fritas é menor no caso das batatas fritas produzidas segundo métodos biológicos. Esta é uma área em que é necessária uma investigação séria por parte dos tecnólogos alimentares para identificar as caraterísticas nutricionais e de resistência da banana produzida organicamente e da banana produzida quimicamente.

Os serviços da Prowins Agri System

1. Apoio especializado a todas as actividades agrícolas.
2. Avaliação agrícola e planeamento de projectos.
3. Preparação de projectos e ligações de crédito.
4. Apoio à gestão e execução de projectos.
5. Apoio técnico
6. Ligação com as agências governamentais

7. Formações e seminários no domínio agrícola

8. Fonte de alimentação humana

9. Programas de reforço das capacidades

10. Actividades de apoio ao crédito

11. Actividades de marketing

12. Apoio ao agricultor

Apoio tecnológico

O apoio tecnológico e o fornecimento de tecnologia necessários para as várias componentes deste projeto devem ser fornecidos pela Prowins Agri System.

De acordo com as diretrizes da RBH publicadas pelo Governo da Índia, o papel do parceiro privado inclui:

1. Compromisso de desenvolver o produto identificado
2. Efetuar uma análise "GAP" do produto
3. Informar o grupo de trabalho e os agricultores sobre os resultados da análise GAP
4. Programa de reforço das capacidades para colmatar as lacunas
5. Prestar apoio técnico/aconselhamento e assistência ao desenvolvimento de protótipos
6. A transação comercial terá início após o desenvolvimento bem sucedido do projeto
7. Ser um mentor do Centro de Empresas Rurais

Sendo o parceiro privado deste projeto, a Prowins forneceu o apoio acima referido para uma implementação bem sucedida. A Prowins Agri System assumiu a responsabilidade das seguintes actividades.

1. Programa de inquérito "GAPanalysis
2. Programa de reforço das capacidades da task force, dos agricultores e dos empresários

envolvidos neste projeto.

3. Fornecimento de tecnologia para todas as actividades do projeto e todo o tipo de ajuda técnica

4. Infra-estruturas necessárias para disponibilizar toda a informação aos agricultores/artesãos/empresários.

5. Os fundos afectados ao reforço das capacidades e à aquisição de tecnologia devem ser colocados à disposição da Prowins Agri System pela agência de execução.

Quadro 4: Extensão dos serviços prestados pela agência privada durante a primeira fase de implementação

Sl. No	Services	Total Numbers
1.	Total Field visit	22306 No
2.	Agri clinics	76 No
3.	Field visits by KAU experts	28 No
4.	Field visit to mother garden to source suckers	66 No
5.	Soil samples collection work	6840 No
6.	Preparation of credit plan & Production plan	3763 No
7.	Training to selected activity group members	124 No
8.	Traceability preliminary training	49 No
9.	GAP analysis survey in all selected panchayats	53 panchayats

4. Missão Nacional de Horticultura (NHM)

O NHM do Governo da Índia contribuiu com Rs 85,5 lakhs para a componente de cultivo de bananas dos Rs 360 lakhs prometidos.

5. Prowins Foods (P) Ltd

Trata-se de uma empresa local sediada em Thiruvananthapuram, que é membro do CII e que atualmente desenvolve actividades de transformação agrícola. Esta empresa também actuará como parceiro privado neste projeto.

6. Instituições financeiras

Várias instituições financeiras nos distritos, incluindo bancos nacionalizados e cooperativas , fornecerão apoio de crédito a vários componentes. As instituições financeiras, como os bancos, deviam conceder empréstimos aos beneficiários. Os bancos forneceram um apoio de crédito de Rs 22,15 crore. Os bancos, como o SBI e o SBT, têm-se mostrado muito empenhados em conceder empréstimos às mulheres beneficiárias.

7. Universidade Agrícola de Kerala

A Universidade Agrícola de Kerala prestou assistência ao projeto fornecendo tecnologia para vários laboratórios propostos neste projeto. Os peritos da Universidade também apoiam a equipa exclusiva de apoio tecnológico deste projeto, criada pela Prowins Agri System, na resolução de problemas de pragas e doenças que ocorrem na cultura da banana. A Universidade prestou assistência através do fornecimento de consultoria técnica para vários laboratórios.

Quadro 5: Ficha financeira do projeto "Samagra

Thiruvanathapuram District Panchayat	Rs. 139 Lakhs
Other Panchayats	Rs 96 Lakhs
Kudumbashree Mission	Rs 97 Lakhs
State Horticultural Mission	Rs 597 Lakhs
Prowins Foods Pvt. Ltd.	Rs 317 Lakhs
Banks	Rs 2498 Lakhs
Beneficiary Contribution	Rs 514 Lakhs
Total	Rs 4258 Lakhs

Capítulo 13

Destaques do projeto "Samagra

- Início dos produtores.

- Colectividades sob a forma de "grupos de actividades".

- Sobrepor as parcerias às iniciativas individuais e privadas.

- Fornecimento atempado de factores de produção de qualidade testada e de qualidade garantida.

- Ligação com instituições de crédito nacionalizadas.

- Assegurar o mecanismo de resgate dos produtos.

- Permitir a participação de vários intervenientes.

Capítulo 14

Realizações do projeto "Samagra" Nendran - Banana

1. Os relatórios iniciais sobre o "Projeto Samagra" indicam que 34 Grama panchayats cobrindo 1691 ha, envolvendo 2915 grupos de atividade, resultando no aumento da produtividade para 15 toneladas por ha e retornos de Rs. 2,28 lakh por ha, foram as principais realizações do projeto durante 2007 - 09.
2. Foi concedido a estes grupos de atividade um crédito de 22,15 milhões de rupias para a cultura da banana.
3. Foi transferida uma ajuda de 1,20 milhões de rupias para as contas de empréstimos dos grupos de atividade sancionados ao abrigo do regime de arrendamento de terras agrícolas kudumbashree existente e do fundo da Missão Estatal de Horticultura.
4. Foi criado um laboratório de análises do solo e um laboratório de biocontrolo bem equipados em Athiyanoor block Panchayat e Nedumangad Panchayat. Os grupos de atividade selecionados começaram a funcionar.
5. Um laboratório de cultura de tecidos bem equipado e um laboratório de controlo biológico foram instalados na vila de Perumkada. Os grupos de atividade selecionados começaram a funcionar.
6. 124 formações técnicas ministradas aos representantes dos grupos de atividade e 49 formações sobre o desenvolvimento de sistemas de rastreabilidade.
7. Serviços extensivos de apoio tecnológico fornecidos pelo parceiro privado para tornar a implementação do projeto bem sucedida. A intervenção da agência privada no terreno, através da prestação dos seguintes serviços, contribuiu para o êxito do projeto e também para ajudou a coordenar eficazmente as actividades de várias partes interessadas, tais como organismos locais, bancos, CDS, etc.

Capítulo 15

Prémios e reconhecimentos

O projeto obteve uma ampla aceitação a nível internacional. Funcionários da África do Sul visitaram o distrito de Thiruvananthapuram para estudar o Samagra e pediram uma proposta de implementação do Samagra num município atrasado, Mopani, na África do Sul.

Capítulo 16

Impacto da "Samagra" na sociedade

1. Aumento do rendimento per capita das famílias de agricultores, especialmente das famílias pobres:

a) Através de um mercado assegurado que garanta um preço encorajador para os produtos.

b) Foram gerados 702 lakhs dias-homem avaliados em 1080 lakhs rúpias durante o período do projeto.

2. Assegurar um ambiente limpo:

a) Através da utilização de resíduos agrícolas.

b) Assegura uma cultura da banana ecologicamente favorável e economicamente viável.

c) Ao adotar estratégias de GIP na gestão das pragas, estamos a conservar o equilíbrio da natureza.

d) Através da quantificação dos fertilizantes com base no resultado do teste do solo, estamos a reduzir o custo do cultivo e a evitar a poluição.

Capítulo 17

Iniciativa Kudumbashree no Kerala descentralizado

As mulheres são a espinha dorsal da mão de obra agrícola. O "Kudumbashree" (grupos de autoajuda) é um programa orientado para as mulheres. A missão "Kudumbashree" é uma missão de erradicação da pobreza lançada oficialmente pelo Governo de Kerala com o objetivo de erradicar a pobreza do Estado. Desempenha um papel vital na coordenação das actividades do projeto "Samagra". O projeto "Samagra" Banana visa a criação de uma rede de produção e transformação de bananas orientada para o mercado através da utilização eficaz de unidades organizadas "Kudumbashree". Os esforços coordenados da missão estatal Kudumbashree e do Panchayat do distrito de Thiruvananthapuram podem efetivamente construir este tipo de empreendimento inovador para melhorar a cultura da banana. Embora os agricultores de Thiruvananthapuram estejam a cultivar banana Nendran há anos, os esforços para construir uma marca, acrescentar valor e racionalizar o processo de produção de acordo com as normas de qualidade internacionais para obter um maior acesso ao mercado são muito escassos. A utilização de tecnologias avançadas na produção também é reduzida. As expectativas emergentes de acesso ao mercado global no cenário atual exigem uma maior produtividade por unidade de terra, água e outros factores de produção de uma forma equitativa e sustentável. A qualidade e a produtividade dos produtos agrícolas são domínios críticos que requerem uma atenção especial. Um apoio adequado à comercialização é importante para o êxito da aplicação de "Samagra". A agência privada associada a este projeto assumirá a responsabilidade da comercialização. Espera-se que a participação do sector privado no projeto Samagra seja mais eficaz para o planeamento de uma estratégia de mercado eficaz e para a intervenção na comercialização. As actividades delineadas no "Projeto Samagra" são enumeradas de forma abrangente, tais como o aumento das actividades empresariais, o aumento do número de unidades em actividades economicamente viáveis, sujeitas à capacidade de carga, a tentativa de obter economias de escala e uma maior atenção à facilitação e ao apoio manual. A convergência de diferentes actividades - Ao preparar projectos sobre culturas agrícolas, criação de animais, piscicultura, etc., deve haver uma abordagem integrada que envolva diferentes sectores, como a formação, o desenvolvimento de culturas, a produção de materiais de plantação, a melhoria da qualidade, a comercialização, etc. Convergência de diferentes projectos - "Samagra" reúne diferentes projectos e programas implementados através de diferentes departamentos e autarquias locais (LSGs), unindo-os sob uma agenda e um objetivo comuns. Convergência de diferentes departamentos - no âmbito da atual estrutura, diferentes departamentos estão a realizar actividades de redução da pobreza, comercialização, desenvolvimento de culturas, etc. Esta situação conduziu a uma duplicação de esforços e a uma perda de tempo e de dinheiro. A iniciativa "Samagra" prevê a convergência das actividades dos diferentes serviços nestes sectores. A utilização efectiva de outras partes interessadas na produção e comercialização. Há domínios em que os conhecimentos e as competências da administração pública são limitados (por exemplo, a comercialização). O "Projeto Samagra" organiza acordos mutuamente benéficos, de modo a colmatar as lacunas de eficiência - "Samagra" visualiza isto especialmente na produção, comercialização, controlo de qualidade, etc. Assegura igualmente a diversificação dos produtos e a melhoria da qualidade no processo de produção. Empregar as tecnologias modernas na comercialização - As tecnologias modernas disponíveis nas instituições de investigação para a diversificação dos produtos, a melhoria da qualidade e a comercialização devem ser utilizadas para melhorar o nível de intervenção no mercado. A "Samagra" analisa novas estratégias de marketing para a embalagem, a marca, a ligação em rede, etc.

Capítulo 18

Dimensões das inovações no sistema de apoio técnico

As inovações no domínio da assistência técnica consistem em vários procedimentos, processos e instituições inovadores. Neste projeto, os vários procedimentos, processos e instituições inovadores são enumerados a seguir. Os procedimentos inovadores incluem a ligação ao crédito, o apoio técnico completo prestado pela agência privada, a parceria público-privada panchayat-popular e o apoio holístico prestado pela agência privada. Os processos inovadores incluem a garantia de fornecimento de factores de produção de qualidade, actividades de reforço das capacidades, "Kudumbashree", que concede fundos para apoio tecnológico, desenvolvimento socioeconómico e ecologicamente sustentável.

As instituições inovadoras incluem o conceito de "um produto - uma aldeia", a ligação de agências privadas com agências governamentais, assegurando a participação das pessoas e o "Kudumbashree" ligado a instituições locais de governo autónomo. Foi criada uma dinâmica para aumentar a rentabilidade, a geração de rendimentos e o emprego na agricultura através deste projeto. Um apoio adequado à comercialização é importante para o êxito da execução de "Samagra". A agência privada que se associa a este projeto assume a responsabilidade da comercialização. Para o planeamento da estratégia de mercado e as intervenções de marketing, a participação do sector privado foi mais eficaz. Os benefícios tangíveis e intangíveis do projeto 'Samagra' Banana são o efeito sinérgico da dinâmica de grupo a nível funcional (aldeia), a dinamização dos grupos de autoajuda (SHG) e a participação de mais de 2000 SHG, o desembolso de mais de Rs.10 milhões de rúpias como subsídio aos cultivadores, projeto no valor de 500 milhões de rúpias com contribuições do Panchayat do distrito, Kudumbashree, Missão Estatal de Horticultura (SHM), Centro de Negócios Rurais (RBH), bancos comerciais e parceiros privados, redução eficaz dos canais de comercialização, aumento da produção e do rendimento líquido e excelente recuperação de crédito (mais de 92%).

Conclusão

O projeto Samagra contribuiu para a capacitação económica e social das mulheres, com um aumento da área e da produtividade da banana no distrito de Thiruvananthapuram. O projeto Samagra desempenhou um papel importante na aplicação bem sucedida do conceito original de JLG (Joint Liability Groups) e contribuiu igualmente para a convergência de diferentes agências, como as LSGI (Local Self Government Institutions), a Universidade Agrícola de Kerala, a State Horticulture Mission, o Prowins Agri System e agências de crédito como os bancos, que é o principal objetivo do kudumbashree. "Samagra" é um projeto que visa o desenvolvimento global - melhoria da produtividade das culturas e introdução de novas tecnologias, criação de novas capacidades, diversificação de produtos, melhoria da qualidade, novas capacidades de comercialização e lançamento de procedimentos, processos e instituições inovadores, com vista a garantir a segurança dos meios de subsistência das partes interessadas. O estudo exaustivo garante que, no futuro, a execução eficaz do projeto "Samagra" passará por uma maior sensibilização dos agricultores para as vantagens da classificação, comercialização, adição de valor e transformação dos seus produtos, através de campanhas e formações, para que o cultivo da banana se torne economicamente mais sustentável. A exportação de produtos agrícolas deve ser promovida através do aumento da área cultivada com culturas comerciais e da disponibilização da gestão pós-colheita e de outras infra-estruturas necessárias. As informações sobre os preços praticados nos mercados internacionais devem ser fornecidas regularmente aos grupos de agricultores. Devem ser criadas instalações modernas de armazenagem frigorífica para permitir que os agricultores armazenem e vendam os seus produtos a preços favoráveis e para ajudar os consumidores a obter produtos de banana de qualidade a preços acessíveis. Devem ser promovidas indústrias de transformação de bananas centradas na produção para minimizar o desperdício de produtos agrícolas. O projeto-modelo "Samagra" Banana do Panchayat do distrito de

Thiruvananthapuram deve ser ampliado para beneficiar os agricultores de outros distritos, para o que o Governo de Kerala deve garantir o apoio político.

Discussão

1. Quais são os obstáculos ao projeto Samagra?

   Não disponibilidade de terras para cultivo.

2. O que é o apoio técnico?

   A facilitação sob a forma de apoio técnico e concetual. Isto significa que o apoio técnico é prestado continuamente, desde a exploração agrícola até ao prato.

3. Explicar o que é a rastreabilidade?

   A produção de banana é levada para o mercado comercial a nível internacional para competir no cenário comercial a nível mundial. Também para onde a banana é cultivada por quem (membros do grupo organizado Kudumbashree).

4. Qual é o procedimento para se tornar membro de um Kudumbashree?

   Para se inscrever, tem de se juntar a qualquer um dos Joint Liability Groups (JLGs) a nível da sua freguesia e pagar 100 rupias à sede do Kudumbashree como taxa de inscrição.

5. O que são JLGs?

   Grupos de Responsabilidade Conjunta (JLGs). Trata-se de um grupo a nível de bairro. Cada grupo é constituído por 20 a 25 membros. Os JLGs recebem crédito agrícola, mesmo que não forneçam qualquer garantia.

Referências

Ayyappan, 2010. Agricultural Innovations leading to enhanced profitability and rural employment. ICAR Reporter, Série n.º 7, Nova Deli. 4p.

[Anónimo]. 2010, Nov.8. Inovação indiana no sector agrícola impressiona Obama. The Times of India. P4.

[Anónimo]. 2010. Ministério de Panchayat raj Doumentation. Governo inicia centro de negócios rural em modelo PPP. Disponível: http://msme.gov.in/msme news.htm32 [23.12.2010].

Bhaskaran, C e Esakkimuthu, M. 2011. Sistemas de inovação para a sustentabilidade da comercialização de tecnologia no planeamento descentralizado: O caso do "Projeto Samagra (Abrangente)" em Kerala. Em: (Sajeev, M.S., Anantharaman, M., Padmaja, G., Unnikrishnan, M., Ravi, V., e Suja, G.) (eds.), Climate Change and Food Security. Actas do Seminário Nacional, Sreekariyam, Thiruvananthapuram. Central Tuber Crops Research Institute, Thiruvananthapuram, pp 597 - 600.

Devi, R.P. 2003. Micro-crédito e utilização de tecnologia na produção de vegetais por grupos de autoajuda no distrito de Thiruvananthapuram. Tese de Mestrado (Ag), Universidade Agrícola de Kerala, Vellayani, 5p.

Devi, R.P. 2008. Women Empowermrnt Through Group Action in the Kudumbashree Programme of Kerala: A Multidimensional Analysis. Tese de doutoramento (Ag), Universidade Agrícola de Kerala, Vellayani, 12p.

Missão Distrital Kudumbashree. 2010. Proposta de alteração do projeto Samagra em curso (empresa comum da Missão Estatal Kudumbashree e do Panchayat do Distrito de Thiruvananthapuram).

Ganessamurthy, V.S. 2007. Empoderamento económico das mulheres. In: Índia: Economic Empowerment of Women. New century publications, Nova Deli, 32p.

Joseph, K.J. 2010. Towards replanting plantation development in India-An analysis of the innovation and production system from inclusive growth perspective, Centro de Estudos para o Desenvolvimento, Thiruvananthapuram.

Missão Kudumbashree.2009. Projeto Samagra Nendran revisto (Empresa comum da Missão Estatal Kudumbashree e Panchayat Distrital, Thiruvananthapuram.

Kumar, G. e Anuja, 2009. Samagra - Banana [Notas de aula]. Prowins Agri System, Maruthankuzthy, Thiruvananthapuram. 1p.

Nair, P.R. 2005. Micro - credit and Women's Empowerment. In: e Nair, K.N. (eds.), Alleviating Poverty: Case Studies of Local - Level Linkages and Processes in the Developing World, Rainbow publishers, Utter Pradesh, pp.233 - 251.

Nehru, S.M. 2007. Investigação e Desenvolvimento - Parceria com a Instituição Panchayatiraj [Lecture Notes]. Faculdade de Agricultura, Vellayani,1p.

Shilaja, S. e Sobhana, G. 2009. Rural Business Hub - An Innovative Approach for Rural Elevação [Notas de aula]. Escola Superior de Agricultura, Vellayani, 78p.

Missão Estatal Kudumbashree. 2007. Samagra Production -Marketing - Network (Um projeto combinado de District Panchayat, Thiruvananthapuram / Kudumbashree Mission / NHM / Prowins Foods Private Limited). P8

Veena, P. 2011. Samagra - Projeto Nendran Banana, Missão Esperança Kudumbashree, Série n.º 5, Thiruvananthapuram. 21p.

Venkatasubramanian, V. 2010. Farmers' Innovations for Prosperous Agriculture (Inovações dos agricultores para uma agricultura próspera). In: (Gogoi, A. K., e Kumar, S.) (eds.), Farm Innovators - 2010. Divisão de Extensão Agrícola, Conselho Indiano de Investigação Agrícola, Nova Deli, pp.2.

DEDICAÇÃO

É com a mais profunda gratidão e o mais caloroso afeto que dedico este livro ao meu Presidente Dr. C. Bhaskaran, Professor (Extensão Agrícola), Universidade Agrícola de Kerala, que tem sido uma fonte constante de conhecimento e inspiração na fraternidade da extensão agrícola.

RECONHECIMENTO

Os autores agradecem a contribuição do Dr. R. Prakash (Professor e Diretor), do Dr. S. Shilaja (Professor), do Dr. S. Mothilal Nehru (Diretor Associado), do Dr. G. Sobhana (Professor e Diretor, Training Service Scheme) do Departamento de Extensão Agrícola e da Smt. C.E. Ajith Kumar (Programador Júnior), Departamento de Estatística Agrícola, Faculdade de Agricultura, Universidade Agrícola de Kerala, Vellayani, Thiruvananthapuram, Índia.

Autores

SOBRE OS AUTORES

O Dr. M. Esakkimuthu nasceu a 7 de abril de 1989 em Tamil Nadu. John's Higher Secondary School, Palayamkottai, Tamil Nadu (Índia) em 2004 e 2006, respetivamente. Além disso, foi admitido na Universidade Agrícola de Tamil Nadu (TNAU) através do exame de admissão aos cursos profissionais de Tamil Nadu com o prémio TNAU-Post-metric Scholarship Award e obteve o grau de Bachelor of Science (Agriculture) em 2010. Posteriormente, foi admitido na Universidade Agrícola de Kerala (KAU) através do Conselho Indiano de Investigação Agrícola (ICAR) com o prémio Junior Research Fellow (JRF) e obteve o grau de Mestre em Ciências (Extensão Agrícola) em 2012. Posteriormente, foi admitido na Universidade de Agricultura e Tecnologia Govind Ballabh Pant (GBPUAT) através do exame de admissão ao doutoramento da GBPUAT, com o prémio University Grant Commission (UGC) Lectureship Award, e obteve o doutoramento (Extensão e Comunicação Agrícola) em 2015. Qualificou-se também para o Agricultural Scientist Recruitment Board (ASRB)-National Eligibility Test (NET) na disciplina de Extensão Agrícola em 2013 e para o UGC-National Eligibility Test (NET) com Lectureship Award na disciplina de Educação de Adultos e Educação Contínua em 2011 e para o ICAR-Senior Research Fellow (SRF) na disciplina de Extensão Agrícola em 2014. Além disso, publicou vários trabalhos de investigação, artigos de revisão e artigos de extensão em revistas nacionais e internacionais de renome. Também apresentou trabalhos de investigação em vários fóruns nacionais e internacionais. Recebeu por duas vezes o prémio de melhor artigo da Sociedade Indiana de Educação para a Extensão (ISEE). As suas áreas de interesse são a inovação agrícola para o desenvolvimento, a inovação no empreendedorismo rural, o género na agricultura e sectores afins, o planeamento agrícola e a previsão na política alimentar, a microempresa, os estudos de desenvolvimento, o jornalismo agrícola, a avaliação rural participativa, a tecnologia de instrução, a comunicação participativa e de desenvolvimento.

O Dr. C. Bhaskaran completou os seus estudos de licenciatura e de pós-graduação na TNAU e na UAS, respetivamente. Entrou ao serviço da Universidade Agrícola de Kerala (KAU) em 1979 e tem trabalhado em várias funções, incluindo a de Chefe do Departamento de Extensão Agrícola da KAU. Profissional de extensão agrícola com diversas exposições como académico, cientista e representante dos professores nos órgãos da UAE, tem mais de cem publicações, incluindo meia dúzia de livros.

MIX
Papier aus verantwortungsvollen Quellen
Paper from responsible sources
FSC® C105338

Printed by Books on Demand GmbH, Norderstedt / Germany